Marion Hellweg

nordisches WOHNDESIGN

254 moderne Einrichtungsideen für ein individuelles Zuhause

BLOTTNER VERLAG

Marion Hellweg

nordisches WOHNDESIGN

254 *moderne Einrichtungsideen für ein individuelles Zuhause*

Drück' deinem Zuhause deinen kreativen Stempel auf!

BLOTTNER VERLAG

Inhalt

Es leben die Ideen!

Village
LEXINGTON
PARK
Tribeca
Broadway
BRYANT PARK
Circle
SOHO

VORWORT

Typisch nordisch

Hej! Wie schön, dass du dir dieses Wohnbuch geschnappt hast! Ich vermute, du suchst nach neuen Ideen und Anregungen, wie du dein Zuhause noch schöner und individueller gestalten kannst? Dir fehlt einfach etwas professionelle Hilfe, damit du wohnliche Dinge auch richtig umsetzen kannst? Außerdem gehörst du zu den Fans des nordischen Designs? Dann bist du hier genau richtig! Dieses Buch ist ein idealer Ratgeber, in dem du immer wieder schmökern und nachschlagen kannst, wenn du deine vier Wände ummodeln möchtest. Und das Beste: Alles, was du in diesem Bildband siehst, ist absolut authentisch. In den einzelnen Kapiteln sind keine arrangierten Studioaufnahmen abgebildet, sondern die Fotos zeigen echte Refugien von echten Bewohnern. Darüber hinaus beweisen die Wohnbeispiele, dass Wohnraumgestaltung kein kühl kalkulierter Prozess ist, sondern etwas, dass lebt und einem ständigen Wandel untersteht. Wenn wir jung und unabhängig sind, brauchen wir ein ganz anderes Umfeld, als mit Familie & Co. So muss die erste Studentenbude noch lange nicht so perfekt aussehen, wie das neu gekaufte Traumhaus. Jeder Lebensabschnitt erfordert die passende wohnliche Situation. Darum eignet sich auch der nordische Look, der als Basis viele weiße Möbel und helle Farben inne hat, perfekt dazu, mit dir ein Leben lang Händchen zu halten, ohne dass du dich dabei eingeengt fühlst. Wenn die Basis neutral ist, kannst du dich wunderbar austoben und ausprobieren: bunte Stoffe, witzige Details und auffällige Accessoires machen dein Refugium erst originell. Hinzu kommen noch das ein oder andere Designerstück nebst Vintage-Möbel. Erlaubt ist also, was gefällt! Hauptsache, du fühlst dich daheim rundum wohl. Und wenn nicht? Dann nimm wieder dieses Buch zur Hand und lass dich inspirieren...

Marion Hellweg

LIZA MARKLUND
LIZA MARKLUND
LIZA MARKLUND
MALEDE RUM
FARVER
BOLIGINDRETNING & DEKORATION
1001 PAINTINGS
YOU MUST SEE BEFORE YOU DIE
VAN GOGH
Decorating Antiques
GADS STORE BOG OM FLUEFISKERI
FRANSKE FORBINDELSER
PIRANESI
ART IN ROME FROM BORROMINI TO CANOVA
ART IN ROME FROM MICHELANGELO TO BRAMANTE
Rembrandt
ART IN ROME FROM VIGNOLA TO MADERNO
LÄCKBERG
old house new home
LÄCKBERG

1

Buchstaben

Wer in diesem Kapitel A sagt, muss nicht unbedingt auch B sagen! Zumindest, wenn es darum geht, dem Refugium mit Buchstaben ein individuelles Gesicht zu verleihen. Ob aus Holz, Metall, Kunststoff oder Pappkarton, lackiert, mit Stoff bespannt oder Tapete beklebt, bleibt dir und deiner Kreativität überlassen. Das Einzige was zählt, ist, dass du die Buchstabendeko hübsch auffällig hinstellst oder als Bildmotiv einrahmst, damit sie einen perfekten Auftritt erhält...

1 Wandnischen, wie diese „tote Ecke" hinter der Glastür, eignen sich hervorragend für praktische Stauraumlösungen. Hier wurden weiße Regalbretter in der Breite der Nische eingepasst. Die Buchstaben machen das Szenario noch wohnlicher.

2 Dieser große Dekobuchstabe erhält durch die schwarz-weiße Farbgebung noch mehr Plastizität.

3 Den Accessoires-Wandhalter Uten.Silo entwarf Dorothee Becker 1969 für Vitra. An der Wand ergibt er mit dem Bild und dem Buchstaben ein tolles Trio.

letter

4 Hübscher Blickfang: Die Buchstaben im Vintage-Look sorgen auf dem weißen Wandregal für Furore.

5 Dieses Stillleben auf dem Fensterbrett ist farblich sehr harmonisch. Der übergroße Holzbuchstabe erhält durch kleine Buchstaben-Stempel ein „Sprachrohr".

6 Das Spiel mit einzelnen Buchstaben und Typo-Arten ist total en vogue! Zudem ist es wirklich ganz leicht, ein derartiges Bild selbst zu kreieren: Einfach Buchstaben und Schriftart auswählen und in einem Fachgeschäft als XL-Poster drucken lassen.

6

"Mein Lieblingsbuchstabe?
Schau' in mein Wohnzimmer!"

ABC

BUCHSTABEN

7

7 Für dieses anschauliche Ensemble benötigt man keine Brille! Sehtest-Seiten gibt es im Internet zum Downloaden – ausdrucken, einrahmen, fertig.

8 Deko-Buchstaben müssen nicht immer an der Wand aufgehängt oder in Reih und Glied drapiert werden. Unkonventionell, wie hier lässig an die Wand gelehnt, sehen sie besonders toll aus!

9 Mit einzelnen Buchstaben bedruckte Keramikgefäße bilden in der Gruppe ein Statement. Witziges Detail: Die orangen Buchstaben, die waghalsig auf dem schwarzen Bilderrahmen stehen.

10 Wer einen schönen Vornamen hat, kann ihn ruhig zeigen: Nora, die Bewohnerin dieses Refugiums, schmückt damit ihre geerbte Kommode.

11

12

1

"Meine Initialien"

14

11 Die ausgefallene Typo dieses Metall-Buchstabens verleiht der Wanddekoration Eleganz. Die fliederfarbene Farbe bildet dazu den perfekten Hintergrund.

12 Die Bewohner dieses Domizils ließen sich ihre Initialien in XXL von einem Schreiner anfertigen und lackieren. Durch ihre überdimensionale Größe verändern die Buchstaben die Raumperspektive.

13 Dieses betagte E hat soviel Charisma, dass es kein anderes Wandobjekt neben sich duldet.

14 Unterschiedliche Größen, Farben und Formen machen die drei Dekobuchstaben im dunklen Holzregal zu dekorativen Eyecatchern. Pfiffige Idee: Das pinke F wurde einfach spiegelverkehrt aufgestellt.

15 Die weißen Reklamebuchstaben können ihre Wirkung auf der rustikalen Küchenwandverkleidung aus Pressspanplatten besonders gut entfalten.

16 Ramona oder Rolf? Egal! Ein goßer Dekobuchstabe ist ein tolles Geschenk zur Geburt!

15
DIN
16
BIG is beautiful

17

17 Dieses wunderschöne Stillleben aus unterschiedlichen Buchstaben in verschiedenen Größen wird durch die beiden Buchstaben in Blautönen optisch zusammengehalten. A, K und M sind im Künstlerbedarf zu bekommen und aus Pappkarton. Dieses Material eignet sich ideal dazu, es mit Farbe anzustreichen oder, wie hier, mit Geschenkpapier zu bekleben.

18+20 Diese formschönen Buchstaben stammen vom Flohmarkt und waren einmal Teil einer Leuchtreklame. Jetzt dienen sie mit ihrem auffälligen Metallgehäuse als unkonventionelle Hingucker.

19 Auch dieser grauweiße Vintage Leuchtreklame-Buchstabe aus Kunststoff hat eine spannende Geschichte zu erzählen: Er war einmal Teil eines ganzen Werbeslogans an einem belebten Platz. Nun steht er ganz für sich und strahlt Ruhe und Gelassenheit aus.

21

Stieg Larsson Mænd der hader kvinder
ANNE HOLT DØD JOKER
JAKOB EJERSBO NORDKRAFT
HANNE-VIBEKE HOLST
ARNE DAHL OP TIL TOPPEN AF BJERGET
FREDERICK FORSYTH SJAKALEN
Lynda La Plante Above Suspicion
Johannes Møllehave OP AD EN MUR
PERNILLE AALUND SYV QVINDER
DAN BROWN DIGITAL FORTRESS
diamant jægerne WILBUR SMITH
Willy-August Linnemann Døden må have en Årsag
DET DANSKE GOLFMIRAKEL
Kirsten Holst SOM RINGE I VAN
SARA BLÆDEL KALD
Anders Bodelsen Revision
VIVIEN SAUNDERS GOLFHÅNDBO
Rachel og Israel Rachlin · 16 år
JOHN GRISHAM
KARIN FOSSUM
SALIGE ER DE SOM TØRST
LIZA MARKLUND
CARSTEN
250 danske
SMALL Apartments
POLITIKEN
MINIMALIST Houses | Maisons
STORE VINBOG
Dorrit Elmquist og Birgitta Wolfgang Drejer

Bücher

COLLECTED THOUGHTS VOL.1

Gut, dass Bücher im Zeitalter von Tablet, eBook & Co. bei vielen weiterhin einen hohen Stellenwert besitzen! Denn sie sind nicht nur die essentielle Grundnahrung für unseren Geist, sondern darüber hinaus sehr dekorativ. Ich zeige dir hier unterschiedliche Möglichkeiten, Bücher in deinen vier Wänden optimal in Szene zu setzen – ob du dazu einzelne Kästen an die Wand schraubst oder ein Skateboard umfunktionierst, entscheidet allein deine Fantasie...

21 Gleichmäßig aufgestapelt sehen Schmöker am Boden neben dem Tagesbett besonders hübsch aus.

22 Einzelne Kästen wirken an der Wand wie Deko-Objekte, wenn du Bücher darin farblich sortierst.

23 Hier wurden Sperrholzboxen aus dem Baumarkt versetzt an die Wand gedübelt. Praktisch ist, dass dieses DIY-Regalsystem beliebig erweiterbar ist.

24 Altbauten haben oft tolle Nischen, die man gut mit Regalbrettern bestücken kann. Dieser Winkel wurde zum Beispiel für eine Bücherablage genutzt.

25 Diese Holzboxen sind unterschiedlich tief und wirken dadurch in ihrem Zusammenspiel wie ein abstraktes Wandrelief. Tipp: Bevor du die Boxen an die Wand schraubst, solltest du sie zuerst am Boden in die Reihenfolge legen, die du vertikal haben möchtest.

26 Das Bücherregal ist in Eigenregie entstanden. Das Plattenmaterial stammt vom Baumarkt. Übrigens: Das Regal hat keine Rückwand und könnte darum auch als beidseitig zugängiger Raumteiler fungieren.

27 Die weißen Regalmodule wurden so an die Wand angebracht, dass sie wie frei schwebend wirken. Die Schmetterlingsbilder assoziieren diese Schwerelosigkeit.

27 BÜCHER

7
1
6
4
Mænd der hader kvinder
Eventyr og Historier
SICILIANEREN
Pigen der legede med ilden
Stieg Larsson
DRAGELØBEREN
THE IRISH TODAY
VERDENSATLAS
JORDEN
TOLKIEN · RINGENES HERRE 1
TOLKIEN · RINGENES HERRE 2
TOLKIEN · RINGENES HERRE 3
GADS LILLE LEKSIKON
gad
CHRISTIAN MØRK
PÅ ROSKILDE
KUNST
KLASSE
ET GLAS MÆLK, TAK
JONATHAN ADLER
PAUL AUSTER NEW YORK TRILOGIEN
company karma
HUNDREDE ÅRS DESIGN
KALD MIG PRINSESSE
DEADLINE 2000
TOM CLANCY
BJØRNEN og DRAGEN
LEIF DAVIDSEN
Den russiske sangerinde
WILBUR SMITH
Bill Clinton
My Life
NUDANSK LEKSIKON
AARSTIDERNES
street food
jamie
Italian Khana
JAMIE OLIVER
DET ER BAR MAD

Bücher machen stehend und liegend eine tolle Figur...

28

29

30

31

28 Dinge, die zweckentfremdet werden, haben in einem klar definierten Wohnumfeld manchmal ihren besonderen Reiz. So auch die alte Malerleiter, die deutlich ihre Gebrauchsspuren zeigt und deren Sprossen nun als praktische Abstellflächen dienen.

29 Hier wird ein gewöhnlicher Rollwagen, der eigentlich für kleinere Transporte vorgesehen ist, als mobile Ablage für Bücher genutzt. So hat man sie, gemütlich auf der Couch sitzend, schnell griffbereit.

30 Ein filigranes Tischchen wurde mittels eines Bücherstapels zum unkonventionellen Beisteller umfunktioniert. Den Abschluss bildet ein afrikanisches Tablett.

31 Was tun mit alten Gürteln und Schnallriemen? Zum Beispiel kann man damit Schmöker zusammen bündeln, die dadurch selbstständig stehen und sogar als Stütze für andere Bücher fungieren können.

32

32 Diese vier kleinen Büchertürmchen bekommer durch den rustikalen Holzbock einen Rahmen und we den so zum kunstvollen Stillleben in der Zimmerecke.

33 Einfache weiße Regalboarde dienen hier dazu die Lieblingsbücher mit ihren plakativen Covern best-möglich zu präsentieren. Das erspart auch die Frage nach geeigneten Bildmotiven an dieser Wand.

34 Die gezeigte Wohnszenerie wirkt beinahe unambitioniert, ist aber genau durchdacht. Grund sin die legeren Bücherstapel, die unter dem Sideboard wie zufällig abgelegt wurden und so den Eindruck ve mitteln, als seien sie ständig in regem Gebrauch.

35 Dieser Stapel erhält seinen Charme durch die farbliche Sortierung der Bücher. Das Regal Paternost von DuoArtWork ist aus Metall und daher sehr stabil.

33

34

„Meine Bücher sind echte Hochstapler mit Wow-Effekt!“

36 In diesem Schlafzimmer wurde völlig auf konventionelle Regale verzichtet, dafür hoch und längsseitig gestapelt. Wenn du auch damit liebäugelst, deinen Büchern auf dem Fensterbrett eine neue Heimat zu geben, solltest du dir davor bewusst werden, dass du das Fenster anschließend nur noch kippen kannst.

37 Ein langes lackiertes Brett verbindet hier die einzelnen Holzkisten zu einer optischen Einheit.

38 Gestapelte Büchertürme, die sich nach oben hin verjüngen, ersetzen das konventionelle Sideboard.

39 Als die Bewohnerin dieses Apartments sich zu einer geschlossenen Einbauschrankwand entschloss und dafür einen Schreiner beauftragte, überzeugte sie dieser, eine Einheit für Bücher offen zu lassen.

37

38
39
Loveseat

40

Stauraum

Es gibt eine Grundregel, die für jedes Wohnrefugium gleichermaßen gilt: Stauräume müssen sein! Denn nur durch sie kommt wirklich Ordnung ins alltägliche Chaos. Und: Je klarer deine vier Wände strukturiert sind, desto mehr Möglichkeiten hast du, deine Bühne mit Möbeln und Accessoires zu beleben. In diesem Kapitel siehst du, wie raffiniert man Stauräume integrieren kann. Ich bin gespannt, welches "Versteck" dir am besten gefällt...

41

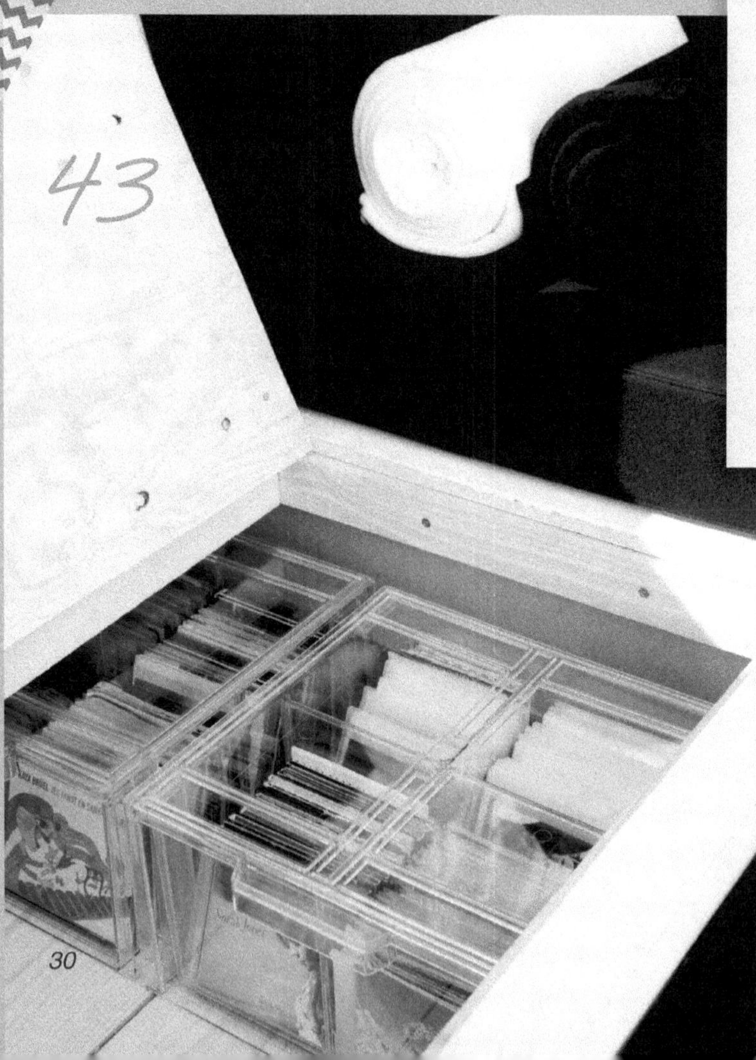

40 Diese unkaputtbaren Flugzeug-Boardküchen-Container stammen aus einer eBay-Versteigerung und dienen nun als Beisteller mit Stauraumfunktion.

41 Große stapelbare Werkzeugkisten vom Flohmarkt beherbergen die Turnschuhe im Flur.

42 Die Bewohner dieser Wohnung wünschten sich eine Stauraumlösung mit Sitzfunktion. Der Innenarchitekt entwarf eine Holzbank mit integriertem Hohlraum, auf der bequeme Filzpolster platziert wurden. Als Griffe für die Klappen dienen runde Öffnungen. So kann man sie leicht mit den Fingern aufmachen und schließen.

43 Unter den Sitzflächen versteckt sich jede Menge Platz für Dinge, die aus dem alltäglichen Blickfeld verschwinden sollen oder die man nicht ständig benötigt.

44 Kaum einer würde unter diesem einladenden Sofa einen Stauraum vermuten. Die Front des Einbaumöbels wurde nämlich ebenfalls mit Filz bezogen.

45 Das kleine Plexiglasregal eignet sich hervorragend als Setzkasten über dem Schreibtisch. Hier stehen Stifte, Tapes und andere Utensilien griffbereit.

Das klappt ja hervorragend...

44

45

"Ich sitze gerne auf meinem Versteck…"

Ordnung ist das Wichtigste im Wohnleben

46

Alles, wo es hingehört

46 Die Cube-Regal-Module aus geformtem Aluminium sind so zeitlos wie der Arne Jacobsen Stuhl und der Componibili Rollcontainer von Kartell.

47 Durch die frei schwebenden Schrankelemente wirkt die Wand im Schlafzimmer nicht erdrückend. Ähnliche Module gibt es von by Lassen.

48 Wer tolle Schuhe hat, darf sie ruhig zeigen! Hier stellen offene Schuhregale aus Holz die schönsten Modelle der Besitzerin im Flur zur Schau.

49 Im Schlafzimmer dieser Bewohnerin stapeln sich Schuhkartons, wie auf einem italienischen Basar. Wenn du magst, kannst du deine Schuhpaare fotografieren und die Bilder vorne auf die Schuhschachteln kleben – so findest du sie leichter wieder.

50 Große Holzknöpfe wurden auf die Schranktüren geschraubt und dienen als Garderobe.

51

52

CLEVER IST DER, DER SEINE ECKEN NUTZT

Jeder Zentimeter ist kostbar!

51 Dieses maßgefertigte Regalboard aus Pressspanplatten ist wegen seiner nahtlosen Anordnung so attraktiv: Es scheint durchgehend von einer Wand zur anderen zu laufen. Genial ist auch die Idee, dem Regal hinten vor dem Fenster etwas mehr Tiefe zu gönnen, um so eine Sitzbank mit Aussicht zu schaffen.

52 Die Bücher stehen griffbereit im offenen Regal, alles andere verschwindet in den Schubladen.

53 Tagsüber fungiert das Selbstbau-Bett als gemütliche Relax-Zone. Abends holt die Bewohnerin das Bettzeug aus dem unter der Matratze versteckten Bettkasten hervor und richtet sich ein gemütliches Nachtlager her. Vorne wurde die Front absichtlich offen gestaltet, um Bücher zu beherbergen.

Prädikat sinnvoll!

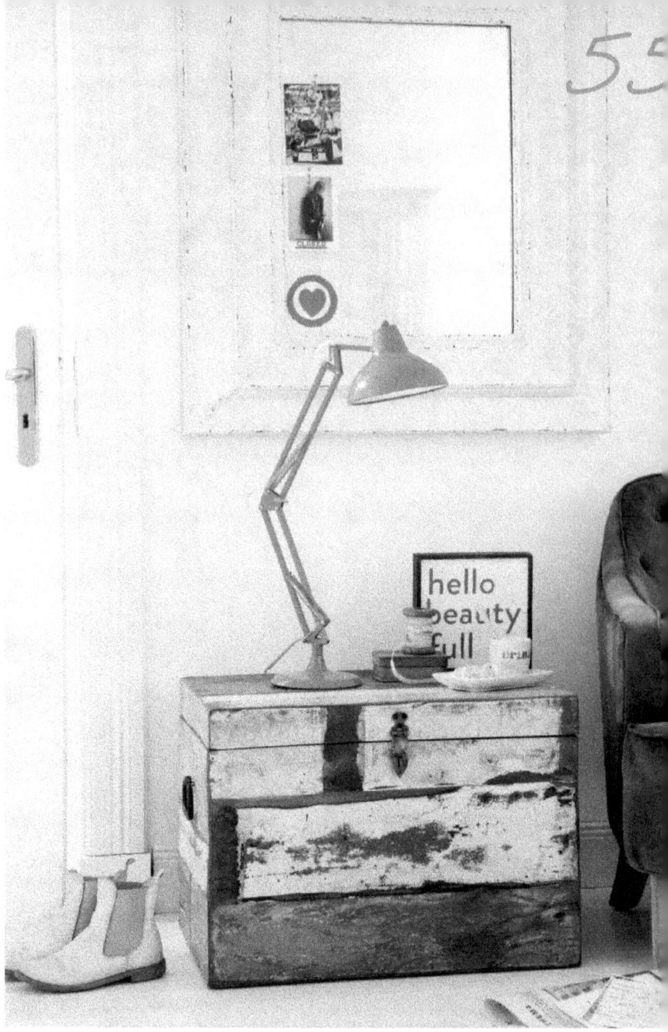

Bildschön & praktisch

54 Vieles kannst du auch improvisieren, wie diese Parkbank mit darunter befindlichem Stauraum in Form von alten Getränkekisten aus Holz.

55 Dein Flur ist so eng, dass kein Platz für einen Schrank ist? Eine große Holztruhe im Used-Look tut's auch, um Sachen darin aufzubewahren.

56 Auch dieses Ensemble ist für schmale Eingangsbereiche bestens geeignet. Das Board mit Schubladen bildet mit dem Spiegel eine harmonische Einheit.

57 Wie ein Apothekerschränkchen mutet das DIY-Regal an. Das alte Metallregal vom Flohmarkt wurde einfach durch schwarze Aufbewahrungsschachteln ergänzt. Auf die Etiketten kannst du schreiben, was drin ist – so musst du nicht erst lange danach suchen.

57

Viele Schachteln ergeben ein GANZES...

58
Passt genau!
59

60

61

58 Wer unterm Dach wohnt, weiß Stauräume besonders zu schätzen. Denn oftmals hat man nicht viel Stellfläche an den Wänden. Hier wurde ein Schrank mit Touchfunktion exakt bis zur Schräge eingepasst.

59 Dieses Refugium besitzt zwei unterschiedliche Ebenen: Das Schlafzimmer liegt ein paar Treppenstufen unterhalb des Wohnraums. Der Architekt erkannte das Potenzial und ließ ein zusätzliches Gästebett, das man herausziehen kann, im Hohlraum integrieren.

60+61 Lüftungsschlitze und ein Eingriff für den Temperaturregler garantieren, dass die Heizung trotz Vorbau ihrer Funktion gerecht wird. Die Sitzfläche der Sitzbank lässt sich komplett hochklappen.

62 Die lackierte Holztruhe ist nicht nur ein zauberhaftes Beistellstück, sondern auch eine kleine Schatztruhe für Dinge, die ein Dach über dem Kopf brauchen.

62

63

Wanddeko

Klar, der Liebling an der Wand ist immer noch das Bild – klassisch im Rahmen versteht sich. Doch natürlich gibt es noch viel mehr Möglichkeiten, die kahlen senkrechten Flächen zu visuellen Erlebniswelten zu verwandeln. Ich selbst liebe Washi-Tapes: Damit befestige ich kleine Bildchen wie Pin-ups wo auch immer sie mir gefallen. Und ohne einen Touch Farbe geht's schon mal gar nicht!

KUNTERBUNT

"Ich nehm' so gerne den Pinsel in die Hand

65

63 Stuckrosetten, unterschiedlich farblich angemalt, machen die Wand sehenswert. Das süße Poster mit Birnenmotiv stammt von Fine Little Day.

64 Ein Staubwedel mit Straußenfedern wurde zum Wandobjekt auserkoren und mit Tape befestigt. Die knallige Wandfarbe allein wäre schon Deko genug!

65 Die großen Glastüren wurden mit Fensterfarbe bemalt und wirken dadurch fröhlich und lebendig.

66 Die breiten Streifen in Schwarz-Weiß-Optik strecken den Raum optisch in die Länge. Achte darauf, dass die Linien im Lot sind, wenn du die Streifen vorm Malern an der Wand mit Kreppband abklebst.

67 Auf die Spiegel-Fliesen wurden gleiche Motive aufgemalt, um so eine visuelle Brücke zum gezeichneten Hochhaus samt Wimpelkette zu bauen.

68 Die Wandaufkleber im Retro-Look von Wall Pops sorgen mit ihren Grüntönen für einen Frischkick.

69

70

*Ich mache mir die **Welt**, wie sie mir gefällt...*

71

72

73

74

69 Die DIY-Pinnwand aus Spanplatte wurde mit einem schwarzen Stoff bespannt, um den Bildern ein dunkles Passepartout zu geben – sie wirken so besser!

70 Neben dem Uten.Silo Wandcontainer von Vitra hängt ein selbst gemaltes Baum-Bild, auf dem noch viel Platz an den Ästen für Nachwuchs & Co. ist.

71 Eine alte originale Schultafel ist in der Wohnküche die Wand-Attraktion. Ob du darauf Vokabeln schreibst oder den Einkaufszettel, bleibt dir überlassen.

72 Du kannst aber auch die ganze Wand mit Tafelfarbe streichen. Hier haben die Bewohner eine Bordüre aus einzelnen Schwarzweiß-Fotografien aufgeklebt und die Wand zusätzlich mit Kreidemarker verziert.

73 Der Wandsticker von Ferm Living besteht aus mit Kreide beschriftbarem Vinyl, das ganz nach Belieben auf jeder ebenen Oberflächen angebracht werden kann. Die Monatsplanung ist damit gesichert.

74 Der große goldene Spiegel wirkt an der belebten Wand, die mit Erinnerungsfotos übersät ist, wie ein Fenster zu einer anderen Welt. Mit diesem einfachen Trick lockerst du jede Wanddekoration zusätzlich auf. Info zur farblichen Wandgestaltung: Die Wand wurde oben und unten, wo sie weiß ist, großflächig abgeklebt. Anschließend wurde der Teil, der bunt ist, mit einem breiten Farbpinsel besprenkelt und dann Schicht für Schicht mit weiteren Farbnuancen vervollständigt.

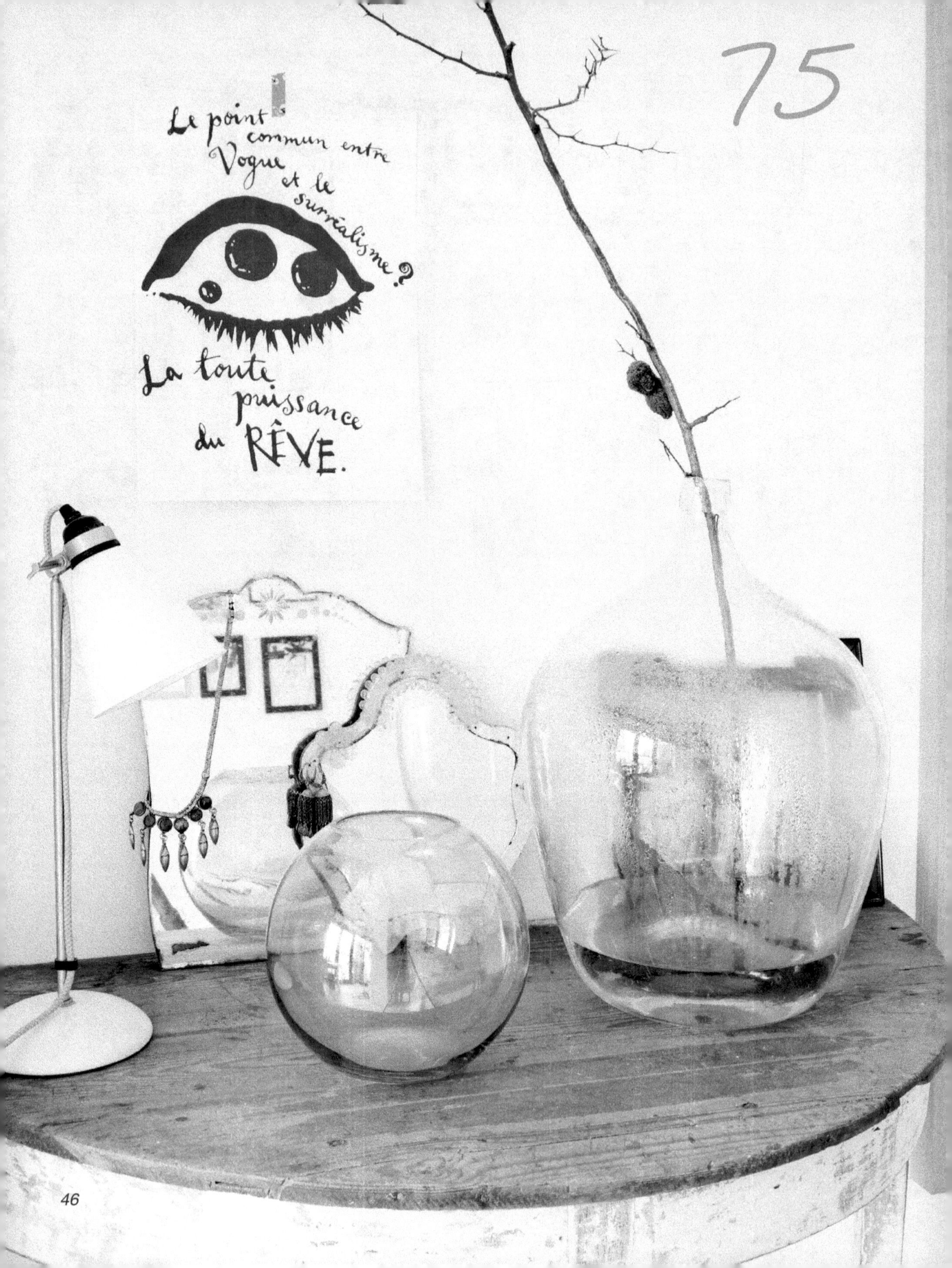
75
Le point commun entre Vogue et le surréalisme?
La toute puissance du RÊVE.

Stillleben

Was wäre unsere Wohnwelt ohne die liebevollen Arrangements, die sich auf Kommoden, Konsolen und anderen Stellflächen tummeln und so individuelle Highlights setzen? Erst durch Stillleben wird ein Zuhause zu einem Ort mit Persönlichkeit. Aber wie fängt man am besten an? Schnapp' dir ein Lieblingsstück und such' dir dann die passenden Gefährten dazu…

76

"Figuren und Objekte aus Holz sind nie still – sie leben!"

75 Die alte mundgeblasene Weinflasche vom Flohmarkt ist prädestiniert dafür, einen einzelnen großen Zweig, je nach Jahreszeit, zu präsentieren. Handspiegel machen den Nostalgie-Look perfekt.

76 Windlichter und Blechvögelein im Broccante-Stil zaubern französisches Flair in dein Zuhause.

77 Putziger Farbtupfer: Der Holzvogel Songbird Otto von Kay Bojesen ist ein echter Design-Klassiker.

78 Kinderzeichnungen mögen die Gesellschaft von altem Spielzeug (hier Holzkegel und Blech-Bus).

79 Relaxtes Duo: Holzfiguren in Sitzposition.

80 Die Vögel aus Raucheiche von architectmade wurden in den 1960er-Jahren von Kristian Vedel entworfen.

81

83

82

81 Vor dem gleichmäßigen Hintergrund der weiß-blauen Fliesen wirkt das asiatisch anmutende Stillleben besonders hübsch. Das leuchtende Rot der Beeren spiegelt sich in den Streifen der Holzfigur wider.

82 Eine einfache rote Holzkiste mit Deckel simuliert die traditionelle japanische Kommode. So ist es ein Leichtes, darauf verschiedene asiatische Objekte auf einen gemeinsamen Nenner zu bringen.

83 Kultur-Mix: Hier kommen fernöstliche Gegenstände mit europäischen Souvenirs zusammen.

84 Das Kirschblütenmotiv auf der Vase erhält durch den Orchideen-Zweig zusätzlichen Zauber. Unter der Glasglocke wirkt das Bonsai-Bäumchen wohlbehütet. Darüber hinaus erzeugt die Glocke künstlich eine Luftfeuchtigkeit von annähernd 100 Prozent, was dem Wachstum von Luftwurzeln entgegen kommt.

84

BILLED-BLADETS ROYALE GULD-NUMMER 2004
AD JUIN 2005
AD SEPTEMBRE - OCTOBRE 2004
AD NOVEMBRE 2004
AD FÉVRIER MARS 2008 N° 72 LES PUBLIC
AD FEVRIER – MARS 2004
TASCHEN
Skulptur

FLOWER POWER

85

86

87

85 Dieses stilvolle Blumen-Arrangement besitzt einen gemeinsamen Nenner: Keramiken und Blumen wurden in der gleichen Farbgebung ausgesucht.

86 Die unterschiedlichen Vasen, Glasgefäße und Gegenstände wirken durch die Schilfzweige wie Strandgut, das vom Meer angespült und bei einem langen Spaziergang mitgenommen wurde.

87 Der Banks Rabenkakadu aus Porzellan erhält vor schneeweißem Hintergrund durch die blühende Amaryllis exotische Rückendeckung. Das rote Vögelchen auf der Dose setzt einen zusätzlichen Akzent.

88 Blaue und grüne Milchflaschen, in denen einzelne Rosen stehen, bilden auf der himmelblauen Hochzeitskommode eine anmutige Gruppierung.

90

89

Zartes *Porzellan und Glas sind Freunde fürs Leben*

89 Die Farn-Motive auf der Zuckerdose und der Schmetterling-Setzkasten stellen eine visuelle Verbindung zur Natur her. Der Untersetzer bildet davor eine Plattform für Zuckerdose, Teelicht und Schischi.

90 Sehr feminin: Die Schwalbe von Casalinga und der venezianische Glas-Spiegel verleihen dem Stillleben auf dem antiken Frisiertisch eine entrückte Zartheit.

91 Die Teekannen-Sammlung steht auf dem Regal in Reih und Glied – als dekorativer Abschluss sozusagen.

92 Die Vasen und Schalen unterscheiden sich zwar nicht in ihrer Farbe, jedoch in ihrer Form. Die Weidenkätzchen-Zweige kommen so optimal zur Geltung.

93 Griffbereit und ansehnlich zugleich: Parfum, Kosmetik und Schmuck arrangierte die Bewohnerin dieses Domizils zu einem hübschen Stelldichein unter der Haube. Blüten bilden im Acrylbild, auf der runden Schachtel und unter der antiken Glasglocke das Bindeglied.

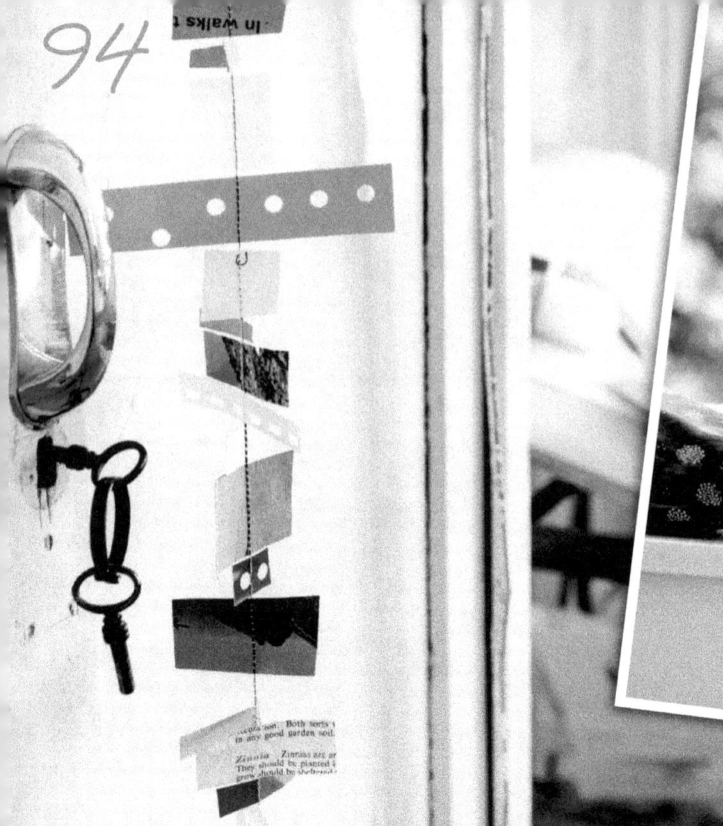

94

95

96

94 Senkrechtes Stillleben: Einzelne Papierschnipsel werden mit Hilfe einer Nähmaschine zur witzigen Girlande, die nun an der Schranktür baumelt. Daneben hängt ein Zweitschlüssel in der Schlaufe.

95 Antike Stücke finden durch ihre aufwendigen Verzierungen zueinander. Da verweilt der Blick gerne einmal länger auf dem einen oder anderen Objekt.

96 Zweckentfremdet: Schere, Stifte und Pinsel kannst du auf deinem Schreibtisch in hübschen Vasen und Tassen unterbringen. Auch für Krimskrams findet sich bestimmt ein passendes hübsches Behältnis.

97 Dadurch, dass die Größen- und Höhenunterschiede der Teelichter und Kerzenhalter nur geringfügig differieren, wirkt das Ensemble absolut stimmig.

98 Die Keramiken stammen aus der selben Designschmiede, was ihre Zusammengehörigkeit unterstreicht. Zarte Anhänger machen das Szenario festlich.

99 Lose alte Bilderrahmen in verschiedenen Größen fungieren vor der getönten Wand als Hingucker.

97

98

99

100

Küche

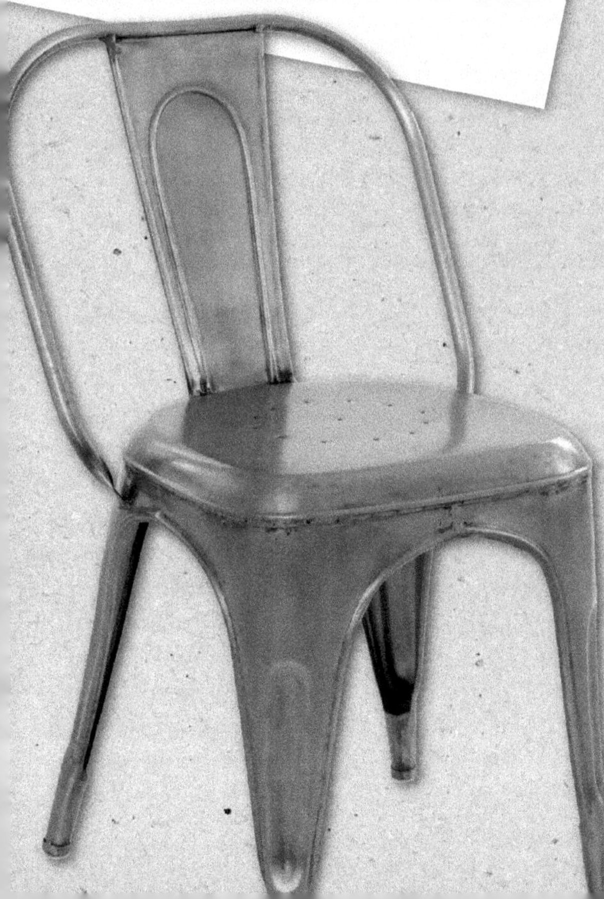

Die Küche ist oftmals der Dreh- und Angelpunkt des Zuhauses. Umso wichtiger ist es daher, dass dieser Ort all die Facetten aufweist, die du dir wünschst: Er muss praktisch strukturiert und gleichzeitig gemütlich sein sowie Platz für alles bieten, was im Alltag notwendig ist. Bei der Küchenplanung spielen unterschiedliche Faktoren eine Rolle, zum Beispiel Raumgröße, Budget, Lebenssituation und Geschmack. Und natürlich ist auch das Thema "Stauraum" extrem wichtig!

102

103

104

100 Den ausladenden Essplatz dieser großen Wohnküche macht vor allem das muntere Sammelsurium an unterschiedlichen Stuhlmodellen gemütlich.

101 Praktische Regal- und Abstellflächen in Griffhöhe sind in jeder Küche das Nonplusultra.

102 Starke Kontraste: Der braune Esstisch und die große schwarze Lampe erhalten durch den Streifenmix aus Weiß und Hellblau einen extra Frischekick.

103 Das dunkel gebeizte Fichtenholzregal wirkt vor allem vor dem hellen Hintergrund toll. Trick: Der antike Rahmen lässt alles älter erscheinen, als es ist.

104 Den Mauervorsprung ziert ein geschnitzes Balkenelement von einem Abrisshaus, welches die Bewohnerin auf einem Baustoffhof ergatterte.

105 Spannender Stilmix: Am langen rustikalen Holztisch sehen die weißen Eames Plastic Side Chair Stühle aus Fiberglas von Vitra ultramodern aus.

105

Dunkles Holz ist hip

106

107

108

BLAC

109

HITE

106 Glänzender Auftritt: Das harte Schwarz der Lackflächen dieser Einbauküche wird durch die hellen Arbeitsplatten und schneeweißen Wände abgesoftet.

107 Das dunkle Holz der Küche scheint mit dem Dielenboden zu verschmelzen. Dadurch wirkt alles wie aus einem Guss. Die Leuchte Taraxacum ist von Flos.

108 Diese Küche wurde von Wonder Wood geplant. Sie schmiegt sich direkt an den Wandknick an.

109 Durch die orangen Elemente, wie die Topan Pendellampe von Verner Panton aus dem Jahr 1960, erhält die puristische Küche ein asiatisches Flair.

110 Der To-Do-Sticker von Ferm Living ist eine praktische Klebetafel für die Wand, auf die du viele wichtige Notizen mit Kreidestift schreiben kannst.

110

Weiß lässt Räume nicht nur heller, sondern auch viel größer wirken

111 Hier wurden direkt in die eingezogene Rigips-Trennwand drei Abstellflächen integriert.

112 Durch den strahlend weißen Hintergrund kommen die ungewöhnlichen Formen von Lampen und Küchenbrettern maximal zur Geltung.

113 Wer das nötige Budget zur Verfügung hat, ist gut damit beraten, für clevere Stauräume einen Küchenplaner oder Schreiner zu beauftragen. So wird jeder noch so kleine Winkel optimal genutzt.

114 Die Ikea Küche wurde durch auffällige Design-Elemente optisch aufgepeppt: Der türkise Treteimer stammt aus der Kollektion von Vipp. Die Messing Pendelleuchte Calabash ist von Lightyears.

115

116

115 Es gibt viele einfache Tricks, um deine Küche schön aussehen zu lassen: Die legere Do-it-yourself-Küche wurde aus einzelnen, teilweise sehr unterschiedlichen Elementen zusammengesetzt. Da diese aber hauptsächlich Weiß sind, wirkt das Gesamtbild insgesamt harmonisch und einheitlich.

116 Hier wurde das Grundgerüst der Küche aus Ytong-Steinen und Holz gebaut und anschließend mit blauen Mosaikfliesen beklebt. Die weißen Wände, Dielen und Fronten lenken das Hauptaugenmerk auf die unkonventionelle Oberflächengestaltung.

117

"Witzige Stühle sorgen am Essplatz für Abwechslung!"

118

119

120

117 Eine Wand im Essbereich wurde mit Tafellack von Flügger gestrichen. Die schwarze Fläche bietet einen intensiven Hintergrund und lässt das Tischensemble erst so richtig zur Geltung kommen. Witzige Idee: Stell doch einfach einen andersfarbigen Stuhl dazu – so wirkt alles gleich viel informeller!

118 Die überdimensionale Pendelleuchte Caravaggio von Lightyears hält den runden Sitzbereich in der cleanen Wohnküche optisch zusammen.

119 Generationentreffen: Thonet Stühle mit Flechtsitz und -lehne, spanische Schilfgras-Stühle sowie französische Stahlmöbelklassiker von Tolix umringen den langen cremefarbenen Esstisch.

120 Der zentrale Küchenblock wurde so konzipiert, dass eine Ecke einer Theke gleich kommt, die von den Bewohnern als Frühstücksplatz genutzt wird.

121 Die weiß gekachelte Küche im Industrial- Look profitiert von den dezenten Farbtupfern in Pastell.

122 Gasleitung, Hängeschrank und Spritzschutz bilden einen imaginären Bilderahmen, in dem ein witziger Menü Wandsticker für Furore sorgt.

123 Manchmal reichen schöne Kacheln aus, um schlichte einfache Einbauten zur echten Nobelküche avancieren zu lassen – hier sind es marokkanische.

124 Eine an der Decke angebrachte Inselesse ist perfekt für alle Kochinseln geeignet. Die innovative Lüfterleistung sorgt immer für frische Luft beim Kochen.

125 Die zylinderförmige Dunstabzugshaube versprüht den Charme alter Blechofenrohre, die früher in jeder Küche allgegenwärtig waren.

126 Stahl- und Chrom-Fronten sind zwar sehr pflegeintensiv, dafür ein glänzendes Highlight.

123

124

Schöne Hauben für wenig Dunst

126

125

127

Kunst & Bilder

Bilder sind das Lebenselexier dekorativer Wände. Ohne Poster, Grafiken, Drucke und Kunstobjekte wäre die Wohnwelt öde und leer. Dass es aber nicht ganz so einfach ist, Bilder optimal in Szene zu setzen, weißt du bestimmt schon aus Erfahrung. Darum ist dieses Kapitel diesem vielseitigen Thema gewidmet. Lass dich von den tollen Beispielen beflügeln, ohne Scheu selbst Hand an die Wand zu legen...

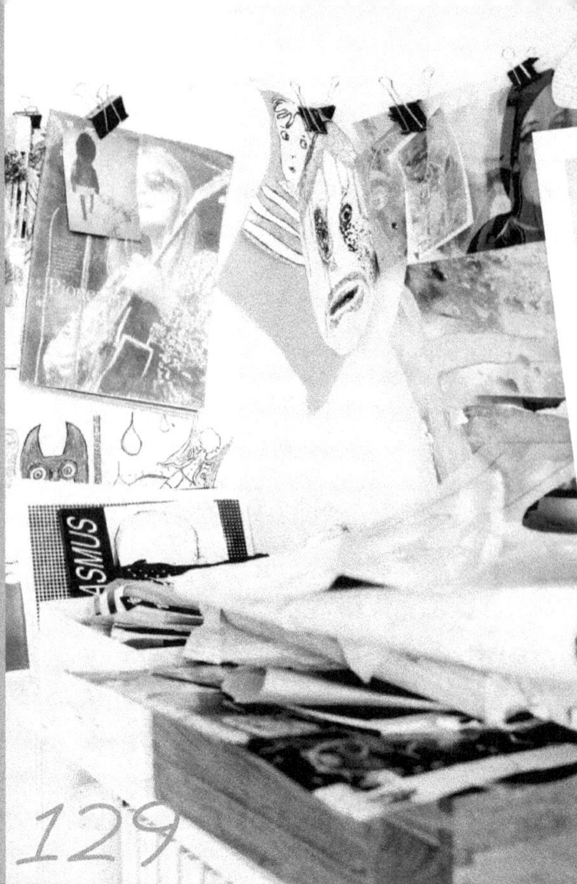

129

130

131

127 Die drei Wandleuchten im Retro-Look wirken im Bündel wie eine moderne Kunst-Installation.

128 Flexibel und austauschbar sind diese lose stehenden Bilder auf einem einfachen Regalbrett.

129 Kinderzeichnungen, Ausrisse aus Magazinen und andere Inspirationsquellen klippte die Bewohnerin einfach wie Wäsche an eine Leine.

130 Die ursprünglichen konventionellen Flügeltüren wurden hier zu einem Kunstwerk verziert.

131 Ein apstraktes Bild in XXL-Größe mag es gerne, wenn es das Einzige an der Wand ist.

132 Silberrahmen und Schwarz-Weiß-Zeichnungen verleihen diesem stimmigen Ambiente Eleganz.

Kunst ist, hinzuhängen, was gefällt!

133

Nimm' es mit Humor!

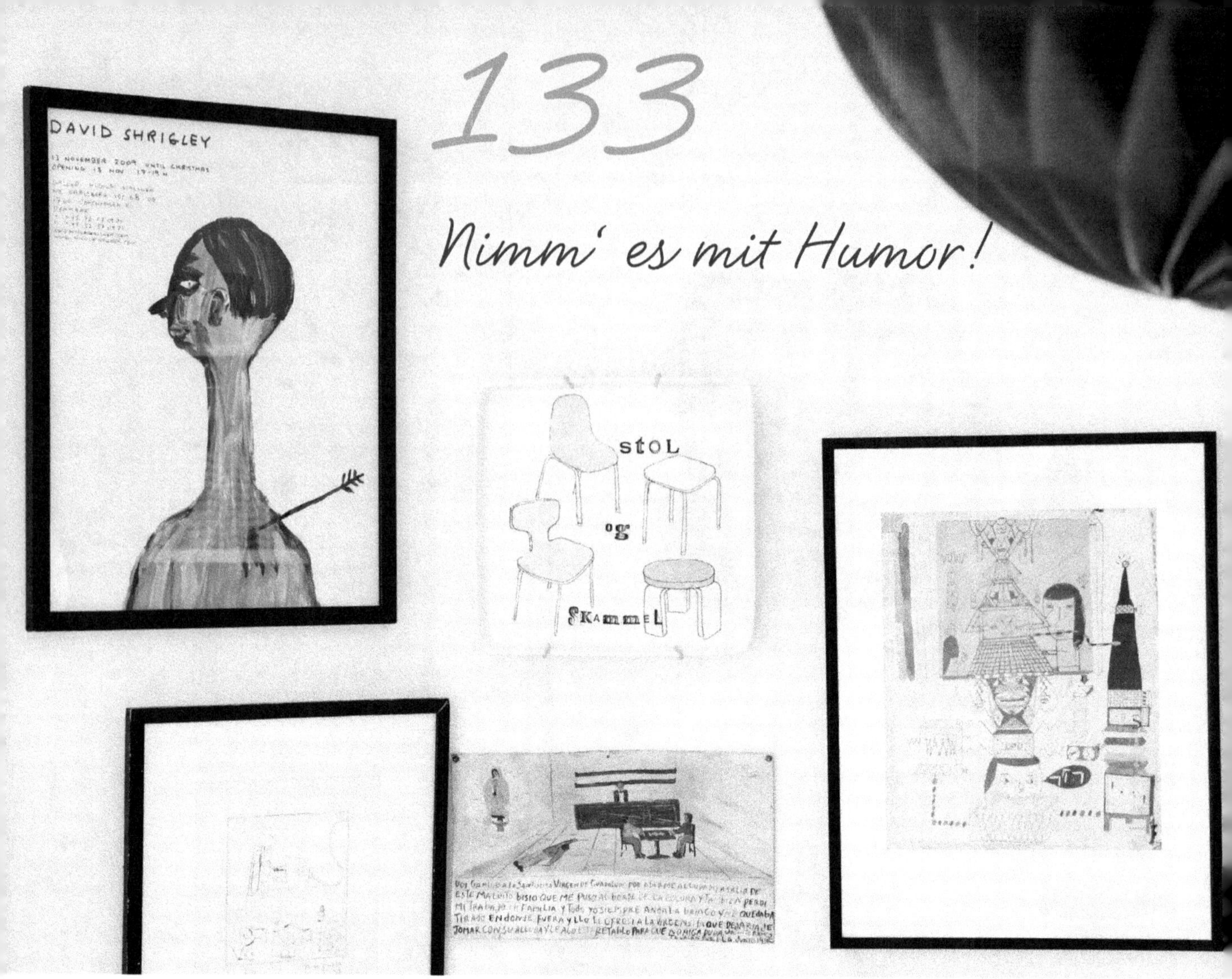

133 Ein schwarzhumoriges Bild des britischen Künstlers David Schrigley ist Fixpunkt dieses Szenarios.

134 Die Wand dieser Galeriewohnung wurde nur in der oberen Hälfte bebildert. Dadurch streckt sich der offene Raum optisch noch mehr in die Höhe.

135 Graffiti-Kunst und Pop Art – zwei Stilrichtungen, die sich ohne viel Zutun blendend verstehen.

136 Die extravaganten Kissenbezüge vereinen sich mit der Ziehharmonika-Lampe im Bauhaus-Stil und dem Katzen-Poster zum kunstvollen Stillleben.

134

135

136

MAKE ART, NOT WAR

137

TOLLE VIELFALT

137 Wenn du mit der Wasserwaage auf Kriegsfuß stehst, tust du gut daran, deine Bilder mittels langer Regalboarde in die gleichmäßige, waagrechte Position zu bringen. Natürlich sollten die aber auch im Lot sein!

138 Die Zeichnung von Eva Björkstrand sieht ohne Rahmen so aus, als hätte die Künstlerin sie gerade erst gezeichnet und einfach schnell ins Regal gestellt.

139 Bunte Glasvasen bilden auf dem Sims einen farblich passenden Abschluss für die Wanddekoration.

140 Dieses große Kunstplakat wurde oben an der Decke mit Kleiderbügeln und Klemmen freischwebend an einer weißen Gardinenstange befestigt.

141

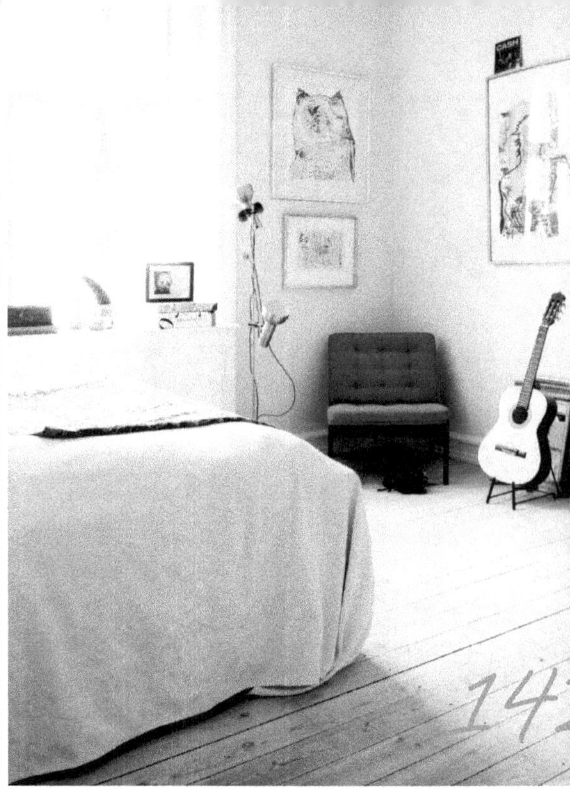

14

143

144

141 Eine Bilder-Bordüre macht diese schlichte Garderobenleiste zum dekorativen Blickfang.

142 Bilder, die über Eck angebracht werden, eignen sich hervorragend dazu, im direkten Dialog zueinander zu stehen. Zudem sieht die Raumecke dadurch gleich viel wohnlicher und gemütlicher aus.

143 Die skulpturale Formensprache des japanischen Sessels ist auch Thema der Schwarz-Weiß-Fotografien darüber. Selbst die Musikinstrumente sehen in diesem stilisierten Umfeld wie Kunstobjekte aus.

144 Eine furnierte Hartfaserplatte dient als übergroßes Passepartout für die darauf montierten Bilder. Der von Wind und Wetter geformte Ast sowie naturbelassene Esstisch erden die anschauliche Abstraktion.

145 Das Milva-singt-Brecht-Plakat aus den 1970er-Jahren hat Kultstatus und ist somit das Schmuckstück der Sammlung, deren direkte Verbindung der Mix aus schwarzen und holzfarbenen schmalen Rahmen ist.

146 Ein Stück von dem für Marimekko designten Stoff Hetkiä von Maija Louekari wurde von den Bewohnern auf einen dafür extra angefertigten Leinwandrahmen gespannt – eine einfach Art, um selbst ein tolles Kunstwerk zu kreieren. Wenn du auch mit einem derartigen Bild liebäugelst, schaue doch nach Stoffen, die mittels Druck und Farbe eine Dreidimensionalität schaffen. Sie eignen sich nämlich besonders gut dafür!

Wohnzimmer

Bezüglich der Gestaltung deines Wohnzimmers gibt es eine goldene Regel, die du einhalten solltest: Der Raum sollte nicht nur wie aus dem Ei gepellt aussehen, sondern in erster Linie ein Ort sein, an dem du dich, ohne zu überlegen "wo?", entspannt hinfletzen kannst. Ob auf der Couch oder auf einem Sessel – hier bestimmen bequeme Sitzmöbel das Terrain! Die Bezüge sollten strapazierfähig, abziehbar und waschbar sein. So ersparst du dir böse Überraschungen, wenn mal ein klitzekleines Malheur passiert…

149

UPANDDOWN

147+148 Das Nierentischchen wirkt wie ein abstraktes Tablett auf Beinen, auf dem die Keramiken besonders toll zur Geltung kommen. Zum Retro-Look des Beistellers passen die Kissen mit Rautenmuster von Ferm Living perfekt. Das Bild ist ein mit Stoff von Marimekko bespannter Rahmen (siehe dazu auch Nr. 146).

149 Für seine Galeriewohnung wählte der Bewohner eine ultrahelle, abziehbare Couch von Eilersen, damit sie trotz ihrer XXL-Größe nicht zu wuchtig wirkt. Das Hirschgeweih aus Karton stammt von Cardboard Safari.

150+151 Es muss nicht immer eine Steh- oder Wandleuchte sein, die den Sitzbereich des Wohnzimmers illuminiert. Hier sorgt eine auffällige Deckenlampe in Schwarzgold von Kadisha für lichte Momente. Durch den Holztisch wirkt das Ganze nicht zu glamourös.

150

151

152

Farbtupfer beleben!

153

KOMFORT IST, WAS HIER AM MEISTEN ZÄHLT...

152+153 Bitterschokolade und Brombeer sind Aromen, die wunderbar zueinander passen. Auch die gleichnamigen Farben bilden ein geschmackvolles Bild. Mit Kissen von Hay in hellen Pudertönen wirkt die Kombi sehr edel. Der Couchtisch aus Wenge von Foxy Potato rundet den gemütlichen Bereich optisch ab.

154 Auf dieser dunkelbraunen Eckcouch sind ebenfalls die Kissen die Stars in der Manege. Da sich die Farbe mit wirklich allen anderen Tönen gut verträgt, kannst du deine Kissenbezüge je nach Jahreszeit oder Lust und Laune wählen. Dabei gilt: Je heller die Farbauswahl der Wurfkissen, umso auffälliger ihre Inszenierung!

155

156

155 Das Bild von Sarah Hvass wirkt auf der grauen Wand (Farbe von Flügger) sehr auffällig. Das hellgrau melierte Sofa von Eilersen nimmt sich hingegen sehr zurück. Die Stehleuchte ist von &tradition.

156 Bei der Tischlampe Milk von &tradition wird nordische Geradlinigkeit mit humorvollem Design kombiniert. Das renommierte Architektenduo Norm, bestehend aus Kasper Rønn und Jonas Bjerre-Poulsen, entwarf das Objekt, das hier auf einem Tulip Tisch a la Eero Saarinen für lichte Momente sorgt.

157 Wohnaccessoires und Kleinmöbel von Oyoy sind der letzte Schrei und verleihen deinem Zuhause den typisch skandinavischen Look! Hier machen sich farbenfrohe Kissen, Kerzenhalter aus Holz und Beisteller aus Kork des dänischen Herstellers breit.

158 Türkise Kissen sind die Rückendeckung dieses Selfmade-Sofas (siehe auch Nr. 53). Selbst gebaut ist auch der Couchtisch aus einem Autoreifen und der Seitenwand einer großen Kabeltrommel.

158

157

Türkis & Aquamarin

Ein Teppich ist das Bindeglied

159

159 Der auffällig gemusterte Kelim Teppich definiert den Bereich der Sitzgruppe. So kannst du auch mitten im Raum eine separate Wohninsel schaffen, die nicht verloren wirkt. Den bequemen Klubsessel entwarfen Ray & Charles Eames 1956 für Vitra.

160 Ein flauschiger Wollteppich macht jedes Wohnareal gemütlich. Die Random Leuchte von Moooi sorgt für ein angenehmes Licht über dem Essplatz.

161 Grafische Elemente sind nicht nur das Highlight der Kissen-Gestaltung auf der Couch, sondern auch das Hauptaugenmerk des Teppichs.

162 Ein heller Boden ist natürlich empfindlicher als ein dunkler. Aber: Wenn du dein Wohnzimmer noch lichter und nordischer aussehen lassen möchtest, dann sind weiß gestrichene Holzdielen ein Muss!

163

164

Suche einen Couchtisch in de

165

ichtigen Größe für dich aus!

163 Der Couchtisch mit geflochtener Ablagefläche stammt vom Flohmarkt und war eigentlich mal eine niedrige Sitzbank. Der Natur-Look wird von den Holzbilderrahmen zusätzlich verstärkt. Die für das „Haus Tropique“ entworfene, schwenkbare Wandleuchte Potence gilt als puristisches Meisterstück von Jean Prouvé. Du kannst sie neu bei Vitra erstehen.

164 Der schwarz lackierte Tisch trägt Rollen an seinen Füßen und ist dadurch sehr mobil und an jedem gewünschten Platz sofort einsatzbereit.

165 Es muss nicht immer ein großer ausladender Beistelltisch sein. Wenn du nämlich deine Mahlzeiten nicht auf dem Sofa einnimmst, sondern dort eher nur eine Tasse Tee trinkst oder ein gutes Buch liest, reicht ein kleines flexibles Tischchen vollkommen aus.

166 Die alten Vintage-Möbel verleihen diesem hübschen Wohnzimmerambiente Charakter. Das Sesselchen wird von den Bewohnern zum Lesen genutzt, der marokkanische Pouf dient als komfortable Ablage.

167 Hier die Variante „Für jeden Zweck geeignet“: Der filigrane Couchtisch aus den 1960er-Jahren ist in seiner Höhe verstellbar und fungiert daher auch als Esstisch. Das Daybed wird im Handumdrehen mittels vieler weicher Kissen zum kuscheligen Sofa. Es kann aber auch ein Gast darauf übernachten.

168

Natürlich ist es einfacher, den Pinsel zu schwingen, als auf der Leiter zu balancieren und dabei eine Tapete an die Wand zu kleistern – blasenfrei versteht sich! Aber dennoch: Ich vertraue in diesem Kapitel auf dein handwerkliches Geschick und möchte dir wirklich empfehlen: Suche dir irgendwo in deinem Reich eine Wand aus, von der du denkst, dass sie noch etwas Pepp benötigt. Du wirst staunen, welche Magie in einer Tapete steckt!

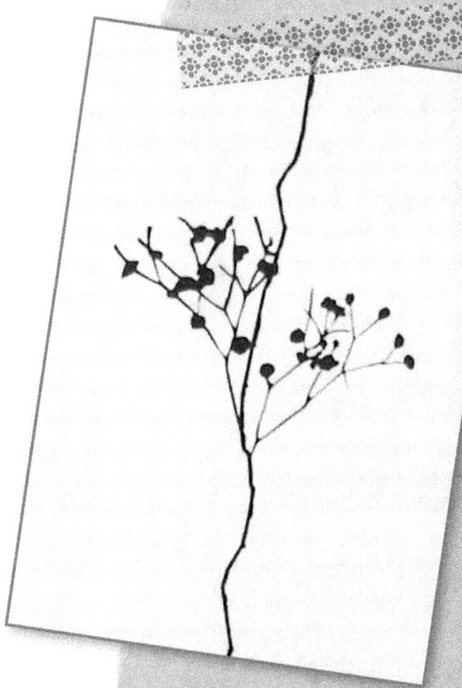

Tapeten

Von wegen Oma-Tapete!

168 Die Tapete Berry Black von Ferm Living ist eine wundervolle helle Tapete, deren Motiv von den Früchten der Vogelbeere inspiriert wurde. Sie eignet sich für die unterschiedlichsten Bereiche und lässt sich ausgezeichnet mit den übrigen Designs aus der Kollektion von Trine Andersen kombinieren.

169 Die Wände der Wohnküche wurden mit Tapeten von Andrea Larsson verziert. Die Tapeten haben zwar das selbe Muster, aber die Größe der Motive ist unterschiedlich. So erhält der Raum Raffinesse.

170 Ein Tipp: Wenn du die Wand nur auf halber Höhe nach oben auslaufend tapezierst, veränderst du zusätzlich die Perspektive – der Raum wirkt dadurch höher als er eigentlich ist. Zeichne dazu einen waagrechten Bleistiftstrich über die gesamte Wandbreite, an dem du die Bahnen unten anlegst. Die Tapetenreste schneidest du oben mit einem scharfen Messer ab. Nimm dafür eine Metallschiene zur Hilfe, damit die Schneidekante gerade und nicht rissig wird.

MANCHE MÖGEN ES WILD

171

171 Das Design Gracewood von Ferm Living ist ein hippes Retromuster, das nicht zu aufdringlich ist. Seine Gestaltung mit grafisch vereinfachten Bäumen bringt Lebendigkeit in die Raumgestaltung.

172 Tapetenmuster der 1970er-Jahre standen Pate, als Andrea Larsson diese Kollektion entwarf. Die Wand links davon im Shabby Look verstärkt den Eindruck, man befände sich in einem in die Jahre gekommenen Refugium. Coole Idee: Die Wandgestaltung mit alten Vitrinen-Schaukästen, an denen Holzäffchen von Kay Bojesen hängen, entworfen für Rosendahl.

173 Die chice Vlies-Tapete Retro Leaves von Ferm Living ist einfach und schnell anzubringen. Übrigens: Sie ist lichtbeständig und abwischbar.

174

175

176

Mach' deine Wände mit Tapeten zum Erlebnis!

174 Bevor die Regalbretter in die Nische eingepasst wurden, tapezierte die Bewohnerin sie mit einer femininen schwarz-weißen Papiertapete. So erhalten die Schuhe eine theatralische Bühne.

175 Spannend: Die mit Toile-de-Jouy bedruckte Tapete bringt durch ihr charakteristisches Design die kleine Wandeinbuchtung optimal zur Geltung.

176 Es muss nicht immer eine Wandfläche sein! Hier siehst du ein Beispiel dafür, wie toll ein tapezierter Schrank aussehen kann. Das Harlequin Muster von Ferm Living schafft optische Ruhe.

177 Ein opulentes Blütenmeer umgibt den schlichten Essplatz. So behält alles seine gewollte Wirkungsweise. Die Wand kommt ohne Bilder aus, das Tisch-Ensemble ohne viel Schischi.

178 Sensationell ist auch diese zauberhafte Variante eines beklebten Kleiderschranks. Die hellblaue Tapete Magnolia von Cole & Son bringt einen Hauch Asia-Flair ins elegante Damenschlafzimmer.

177

178

179

180

181

179 Unterschiedliche Tapetenreste wurden hier im Kinderzimmer zu einem Patchwork-Kunstwerk vereint. Die alte Schul-Lerntafel vom Trödelmarkt und die Retro-Bettwäsche machen den Vintage-Look authentisch.

180 Obwohl der weißen Küchenzeile das von den Bewohnern ersehnte Fenster fehlt, ist dieser Ausblick auch nicht ohne! Die Fototapete mit Birkenwäldchen von Mandrup-Poulsen Tapeter holt die Natur ins cleane Ambiente.

181 Besonders raffiniert ist diese Schwarz-Weiß-Kombination dadurch, dass eine Dachschräge im Spiel ist. So wirken die Streifen nicht statisch, sondern dynamisch.

182

Böden

Der wohnliche Hintergrund, zu dem nicht nur Wände, sondern auch Böden zählen, ist ausschlaggebend dafür, welchen Spielraum du für die Möblierung hast. Je neutraler du dein fixes Umfeld gestaltest, umso freier bist du in der Auswahl deines Interieurs. Die Skandinavier setzen darum ganz bewusst auf Holzdielen, weil sie jeden Stil mitmachen. Ob ultramodern, shabby oder cozy: Mit passenden Teppichen erhält so jedes Refugium das typisch nordische Flair.

184

185

182 Pechschwarz gestrichene Dielen sind typisch für dänische Häuser und Wohnungen. Sie lassen das weiße Habitat noch strahlender, aber nicht kühl aussehen. Silberne Accessoires von Tine K sind für diesen Skandi-Look ein absolutes Muss!

183 Die Bewohnerin hat die Dielen ihres Flurs selbst bemalt. Zuvor hat sie sich Rautenschablonen aus Karton gebastelt und das Muster mit Bleistift direkt auf den Boden übertragen. Das Wechselspiel von Schwarz und Weiß erhöht den Spannungsbogen.

184+185 GeblümterTeppichboden? Laminat? Fehlanzeige! Der Boden hier wurde mit Tapete beklebt und anschließend mit mehreren Schichten Bodenlack versiegelt. Wichtig bei einer derartigen Prozedur ist, dass der Boden absolut ebenerdig ist!

186 Dunkelgraue Fliesen machen diesen Eingangsbereich zu einem pflegeleichten Ort, dem auch matschige Gummistiefel nicht viel anhaben können.

ROBUSTE BÖDEN SIND TREUE BEGLEITER. SIE HALTEN EIN LEBEN LANG...

186

187

Fußschmeichler mit Wohlfühlfaktor

188

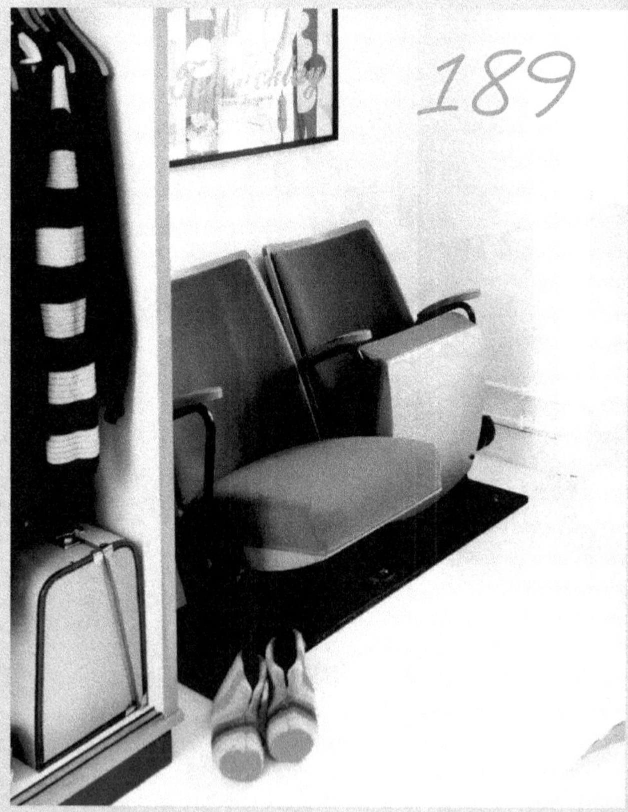

189

190

191

192

187 Ursprünglich stammt der Flokati aus dem Pindos-Gebirge in Griechenland. Er erlangte in den 1970er-Jahren große Beliebtheit. Die Schafswolle fühlt sich aber auch wunderbar unter den nackten Füße an – gerade wenn man morgens aus seinem Bett steigt.

188 Bunte Flickenteppiche machen vor allem flächendeckend in vielen Lagen eine gute Figur.

189 Der schneeweiß lackierte Holzfußboden umrahmt die beiden originalen Kinosessel, deren Füße auf eine schwarze Metalplatte geschraubt sind.

190 Diesen Teppich kannst du ganz leicht selbst designen: Hol dir ein Stück Hochflor-Meterware und zeichne auf der Unterseite kleine Quadrate auf, die du dann mit einem Teppichmesser herausschneidest.

191+192 Klassisch und nie aus der Mode: Das Eichenparkett im Fischgrätmuster. Der Boden hier wurde komplett abgeschliffen und neu versiegelt. Die rustikalen Deckenbalken verraten aber dennoch das Alter des hundertjährigen Hauses. Die modernen Möbel stehen dazu zwar im Gegensatz, fügen sich aber wunderbar in das muntere Generationentreffen ein.

193

Hübsch auf dem BODEN bleiben

193 Weiß lackierte Holzdielen bringen Glanz in jede bescheidene Hütte! Der Vintage-Sessel im Bauhaus-Stil hebt sich farblich vom hellen Ambiente ab.

194 Der Stern im rund angelegten Eichenparkettboden ist im Eingangsbereich ein echtes Starlet.

195 Der gewachste Kieferndielenboden lässt das Schlafzimmer sehr natürlich wirken. Die Dachschräge verleiht dem Raum zusätzlich Behaglichkeit.

196 Ein großes argentinisches Rinderfell macht sich vor der abgewetzten Ledercouch breit. Der Baumstumpf, der als Tisch fungiert, bildet eine optische Brücke zum hellen Boden aus Eschenholz.

197

Ich habe ein tolles Büro zuhause und weiß: Erst dann macht Arbeiten daheim richtig Spaß! Der Schreibtisch sollte an einem hellen, freundlichen Ort stehen und alle Dinge, die man benötigt, stets griffbereit sein. Du brauchst kein separates Zimmer für dein Home Office, du kannst es auch wunderbar in dein übriges Interieur integrieren: mit coolen Möbeln, Deko-Sachen und Bildern... Lass deine Fantasie nur machen!

Home Office

"Meinen Schreibtisch habe ich ganz alleine gebaut..."

199

197 Der Home Desk Sekretär von Vitra ist ein Entwurf des Designers George Nelson aus dem Jahr 1958 und ein Klassiker unter den Schreibtischen. Auch der Bürostuhl von Arne Jacobsen aus der 1955 entworfenen Serie 7 zählt zu den Meilensteinen der Designgeschichte. Beides, vereint an einem Platz, macht Arbeiten auch optisch zum Vergnügen!

198 Dieser Arbeitsplatz sieht wie ein Stillleben aus. Die Tapete von Ferm Living lässt das Büro mit Tischleuchte AJ von Louis Poulsen imposant wirken.

199 Du kannst dir selbst einen Schreibtisch bauen: Lackiere zwei Holzböcke schwarz und lege darauf eine weiße Arbeitsplatte vom Baumarkt – voilà!

200 Der Vitra Tisch hat auch nichts gegen den berühmten Harry Bertoia Stuhl an seiner Seite.

201 Ein Y-Chair von Hans J. Wegner steht im spannenden Dialog zum Selfmade-Tisch, dessen Metallgestell witzigerweise einen Kopfstand macht.

202 Was tun, wenn du einen Tisch in einer Nische integrieren möchtest? Mach es wie bei Nr. 199 beschrieben und lass dir die Platte auf Maß schneiden.

203

I love my work place!

204

HELLE FARBEN UND VIEL TAGESLICHT SIND IDEAL...

Da geht mir ein Licht auf!

203 Weiße Schaukästen und Regalboarde liefern über dem Schreibtisch viel Abstellfläche für Schönes und Nützliches. Die Pinnwand kannst du selbst basteln: Verwende am besten eine Spanplatte, über die du dünnen Schaumstoff und anschließend Stoff spannst. Hübsch ist diese Variante hier, die mit bunten Reißzwecken im Chesterfield-Look gestaltet wurde.

204 Alles, was nicht immer direkt am Schreibtisch griffbereit sein muss, findet im roten Vitrinenschrank seinen Platz. Praktische Idee: Für den richtigen Überblick sorgen die transparenten Stapelboxen aus Plastik. Wenn man durch die Glasscheiben blickt, weiß man sofort, wo sich was befindet.

205 Zeichentisch und Arbeitsplatz ergänzen sich hier perfekt und sind mit einem rollbaren Stuhl leicht im Wechsel zu erreichen. Da die Tische in Fensternähe stehen, fällt tagsüber viel helles Licht darauf.

Natürliche Materialen
machen den Arbeitsplatz gemütlich

211

206 Die kreative Bewohnerin schuf sich ein Eck, wo sie sich austoben kann. Hier gibt es Platz für die Nähmaschinen, eine kleine Werkbank und einen Basteltisch.

207 Der Vika Gruvan Schreibtisch mit Glasplatte aus einer alten Ikea-Kollektion stellt offen zur Schau, was unter seiner transparenten Arbeitsplatte liegt. Die Abstellflächen der Böcke bietet ebenfalls viel Stauraum.

208 Ablenkmanöver: Durch die schwarzen Lederelemente des Stuhls wirkt der große dunkle Computerbildschirm nicht ganz so dominant und wuchtig.

209 Hier lenken die schwarze Arbeitsplatte und die Aufbewahrungsboxen den Blick etwas vom Bildschirm ab. Der rote Stuhl ist ein zusätzlicher Eyecatcher.

210 Über dem Handarbeitsplatz hängt eine große Pinnwand, an der Strickanleitungen und Muster hängen.

211 Großes Kino: Eine riesiger alter Filmstrahler setzt dieses Home Office gekonnt ins Szene.

212 Diese Trennwand – eine alte Fensterfassade – schirmt den Arbeitsplatz vom Treppenhaus ab.

212

office

213 Wenn man sich mit schönen Dingen umgibt, steigert das die Laune – dafür braucht es keine wissenschaftliche Studie! Die Accessoires hier stammen alle vom dänischen Onlineshop Liebe.

214 Große Papierbälle in Waben-Optik hängen über dem Home Office und ziehen so die Blicke auf sich. Das filigrane Holzregal von Hay bietet viel Platz. Der Teppich definiert den frei stehenden Tisch.

215 Wenn du die Möglichkeit hast, deinen Schreibtisch direkt vor dem Fenster zu platzieren, solltest du das unbedingt tun. Es ist nur von Vorteil, wenn die Gedanken in die Ferne schweifen können.

216

216 Die Bewohner ließen vom Schreiner eine lange Arbeitsplatte an der Wand befestigen, die fast die gesamte Wandbreite einnimmt und extrem viel Abstellfläche offeriert. Im Winter wird der Raum darunter für das Stapeln von Brennholz genutzt.

217 Auch hier wurde eine Schreibtischplatte vom Fachmann extra maßangefertig, um den Raum optimal zu nutzen. So haben Mensch und Flora einen gemeinsamen Ort, an dem sie sich frei entfalten können.

217

218

Schlafen

Jeder braucht in seinem Domizil einen Rückzugsort, an dem er den Alltag vergessen und seinen Träumen nachgehen kann! Darum sollte das Schlafzimmer viel Ruhe und Gelassenheit ausstrahlen und alles, was nicht wichtig ist, aus dem Blickfeld verschwinden. Ich habe zum Beispiel meinen Kleiderschrank aus dem Schlafbereich verbannt und in einem anderen Zimmer untergebracht. Du glaubst gar nicht, wie befreiend das sein kann...

220

218 Der schwarze Wandaufkleber Tree Bomb von Ferm Living suggeriert, man würde in seinem Bett unter den Ästen eines Baumes liegen.

219 Da darf ein kleines Vogelhäuschen nebenan natürlich nicht fehlen! Zumal es sich bestens als Ministauraum eignet. Auf seinem Giebel liegt der Schmöker mit der richtigen Leseseite oben auf.

220 Unter der Dachschräge gibt es viele Flächen, die mit Tapete einfach umwerfend aussehen.

221 Reduktion ist eine Pflicht, wenn es um die Gestaltung des Schlafzimmers geht. Die Bewohnerin dieses Refugiums hat daraus eine Kür gemacht.

222 Eine Blumentapete rahmt den Ausblick neben dem Bett ein. Farblich passend dazu wurden Kissen und Plaids gewählt, um ein harmonisches Gesamtbild und so optische Ruhe zu erzeugen.

221

Auf Rosen gebettet

222

"Bunte Bilder beflügeln mich!"

224

223 Es muss nicht immer eine klassische ausziehbare Schlafcouch sein, wenn man in einem kleinen Apartment wenig Platz hat! Hier macht eine gestrickte Tagesdecke das Futonbett tagsüber wohnlich.

224 Du kannst das Kopfende selbst gestalten: Lass dir dazu eine Schichtholzplatte im Baumarkt in Bett-Breite zuschneiden und bespanne diese mit einem dünnen Schaumstoff und einem Stoffüberzug deiner Wahl. Toll ist auch, wenn das Kopfende, wie hier, exakt zur Tagesdecke passt. Dann wirkt das Bett wie aus einem Guss.

225

226

227

225 Am Bettende steht ein Stauraumregal, das exakt mit der Matratze abschließt. Es dient dadurch als Sitzbank und zusätzliche Abstellfläche.

226 Oft ist die Fläche unter dem Bett toter Raum, auf dem sich die Staubflöckchen tummeln. Anders bei diesem Modell, das praktische tiefe Schubkästen unter seinem Bettgestell beherbergt.

227 Es muss nicht immer eine Maßanfertigung vom Schreiner sein, um im Schlafzimmer Stauraum zu schaffen. Du kannst auch einzelne Regalbretter auf deine Wunschmaße zuschneiden lassen und selbst an die Wand montieren. Wenn dir diese Idee zu offen und unruhig ist, mach doch einen Vorhang davor!

228 Der Streifen-Look der Tapete wirkt durch die symmetrische Anordnung der Leuchten noch geradliniger. Die Pendelleuchte FL/Y Icon ist von Kartell.

228

Symmetrische Details schaffen Klarheit

229

230

229 Der Grundriss bietet an, das Bett vor das Erkerfenster zu stellen. Details wie orientalische Seidenkissen, indische Tagesdecke und indianischer Traumfänger lassen das Szenario exotisch wirken.

230 Wer an Camouflage denkt, denkt an grün-braune Farben. In Skandinavien tarnt man sich aber lieber ganz in Weiß – und hängt sich deshalb diesen coolen, durchlöcherte Dekostoff von Kinnasand als ungewöhnlichen Blickfang vors Fenster.

231

232

231 Farbenfrohe Plaids wirken auf einer weißen Bettwäsche am besten.

232 Das Bettende haben die Bewohner selbst entworfen (siehe dazu auch Nr. 224). Die drei bunten Knöpfe sind auf die Schichtholzplatte geschraubt. Aber der kreativen Raffinesse nicht genug: Die Decke wurde mit einer silber glänzenden Tapete von Tapet Cafe beklebt. Neben dem Bett hängen weiße Kästen an der Wand, die innen nachträglich blau lackiert wurden, um ihnen so ein kunstvolles Aussehen zu verleihen.

233

Bad

Ein Bad ist ein wundervoller Ort, um dort fernab von Stress und Hektik Zeit zu verbringen! Natürlich geht es oft morgens ziemlich hektisch zu, aber die Abende und Wochenenden solltest du dazu nutzen, dich zu entspannen. Und wo könnte man das besser, als zuhause – in seiner eigenen kleinen Wellness-Oase? Also: Schnapp' dir die schönsten Badaccessoires und mach es dir hübsch!

Stein auf Stein ist fein

„Glasbausteine sollen oldschool sein? Ich finde sie trendy!“

233 Moderne Elemente wie der schwenkbare Spiegel und die Wandlampen bilden eine Brücke von der Gegenwart in die Vergangenheit, aus der das nostalgische Design des Waschtisches stammt.

234 Die frei stehende Wanne von Traditional Bathrooms passt dazu ganz wunderbar ins Bild.

235 Unterschiedliche Materialien strukturieren dieses Badezimmer: Holz, Glas, Keramik und Stein.

236 Toll: Der Steinfußboden wurde hier in klassichem Fischgrätmuster verlegt und wirkt daher nicht wie ein gewöhnlicher Badezimmerboden. Die dunklen Mosaikwände stehen dazu im spannenden Gegensatz.

237 Stühle und Schrank aus Holz sowie der Duschvorhang machen dieses Bad sehr gemütlich.

238 So bleibt es hell: Ein transparenter Vorhang lässt das Tageslicht, das durch das Badfenster fällt, auch in geschlossenem Zustand einfluten.

239

240

239 Der verschnörkelte Spiegel ist im modern designten Bad ein gewollter Stilbruch. Der selbst gebaute Waschtisch mit Waschbecken stammt aus de Ikea Küchenabteilung. Die Schubladenfronten wurden einfach farblich gemixt. Die witzige Vase in Form von Grashalmen stammt von Normann Copenhagen.

240 Eine Holzschale von Aalvar Aalto präsentiert die teuren Düfte und Cremes der Bewohnerin.

241 Eine weiße Fliesenwand in Backsteinoptik führt den Industrial-Look des Betonfußbodens fort. Gegenüber der Dusche stehen Wäschetrockner und Waschmaschine platzsparend aufeinander.

241

Meine Wellness-Oase

EIN ORT, AN DEM MAN SICH WOHLFÜHLT

Mit Blick
aufs Detail
242

243

242 Die Badmöbel entwarf der Bewohner selbst und fertigte sie aus Verbundplatten. Der ausladende Keramikwaschtisch ist von Ikea. Die kleinen sechseckigen Mosaikfliesen sind aber das eigentliche Highlight des unkonventionellen Ambientes.

243 Wenn du eine absolute Lieblingsfarbe hast, darfst du dich auch in deinem Bad austoben! Die Bewohnerin dieses Refugiums hat ein Faible für Lila und Brombeer und wagte den mutigen Schritt, diese Farben auch in ihrem Bad aufleben zu lassen.

244 Passend dazu wählte sie auch ihre Badaccessoires aus, die auf dem schneeweißen Waschtisch super zur Geltung kommen. Die Wand hinter den Armaturen ist komplett bis an die Decke hin verspiegelt und erweitert so optisch das Raumgefüge.

244

blumig

Tord Boontje & K

245 Zauberhafte Wandsticker in frischen Farben akzentuieren Wand und Spiegel. Auch die von Hand bemalte kleine Nische ist ein witziges Detail. Der Holzventilator an der Decke sieht wie eine Schiffsschraube aus und bringt etwas maritimes Flair in den Raum.

246 In diesem puristischen Bad sorgen kleine Hirschgeweihe und Spielzeug-Hirschfiguren für etwas Abwechslung. Die Handtücher liegen staubfrei in einem verschließbaren Plexiglasregal am Boden.

247 Der Duschvorhang ist aus dem pixeligen Stoffdesign Nectar genäht, das Designer Tord Boontje für den dänischen Hersteller Kvadrat entwarf.

248 In der Minikommode aus Plexiglas sind Schmuck und Krimskrams gut verstaut.

249 Der Duschvorhang von Silvan zieht durch sein auffälliges Rautenmuster alle Blicke auf sich. Die weißen kleinen Klinkerfliesen stammen von Evers, der formschöne Wäschekorb von House Doctor.

250 Wenn du ein kleines Bad hast, solltest du auf jeden Fall einen großen Spiegel anbringen. Er erweitert nicht nur die Raumperspektive, sondern reflektiert auch das Licht – künstliches wie natürliches. So wirkt der Raum gleich viel größer und heller!

251

Farbenfrohe Farbkleckse

252

251 Dieses Szenario lebt von seinem ausgesuchten Interieur: Treteimer und Seifenspender sind von Vipp, der rollbare Wäschesack stammt von House Doctor, die Deckenlampe von &tradition, die Armaturen von Hans Grohe und die Wanne von Duravit.

252 Klebe doch einfach ein paar tolle Postkarten an deine Badezimmerwand – am besten mit Washi-Tape: Das hält gut, lässt sich aber jederzeit wieder abziehen. Die Karte mit Vogelmotiven hier im Bild entwarf die Dänische Künstlerin Mette Bonavent für ihr eigenes Label Oh So Fine.

"Meine Liebe fürs Einrichten hört nicht an der Badezimmertür auf – im Gegenteil!"

253 Wenn du den Glanz auf deinen Fliesen liebst, solltest du dir einen praktischen Fensterwischer zulegen und diszipliniert nach dem Duschen die mit Wasser bespritzten Wände damit abziehen.

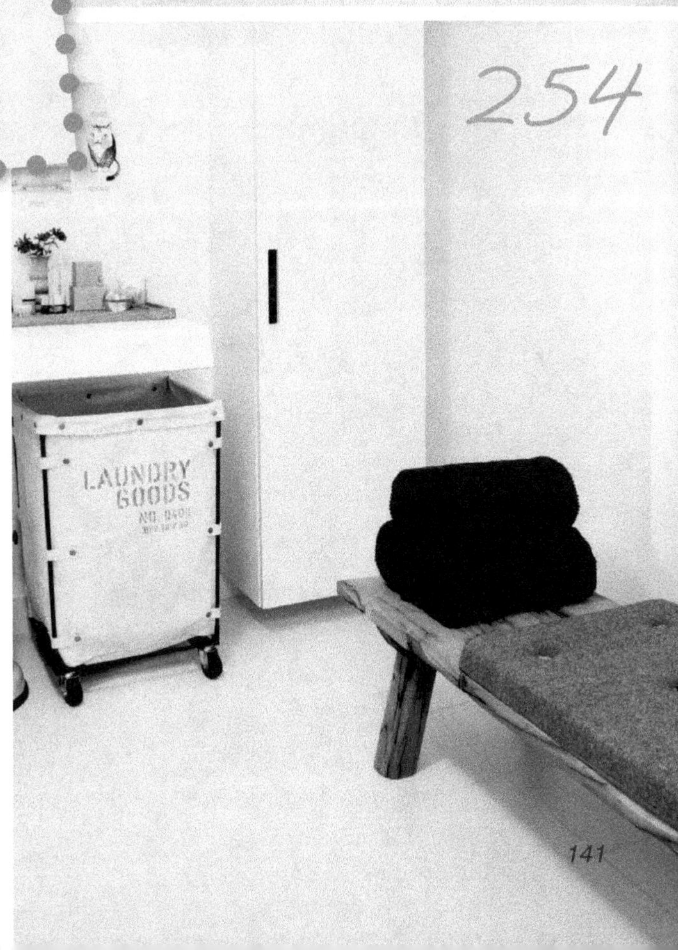

254 Die archaisch anmutende Sitzbank von House Doctor lädt im Bad zum Verweilen ein. Ein Polster macht das Sitzmöbel zusätzlich zum bequemen Hot Spot. Die aufgerollten Handtücher am Kopfende erinnern an die Massage-Liegen eines Spa-Bereichs.

Impressum

Fotos und Styling

Die Wohn- und Lifestyle-Fotografin Anitta Behrendt hat für dieses Buch gemeinsam mit Stylistin Nicola Kragh Riis private Refugien in Skandinavien besucht.

Weitere Bildnachweise:
Titelbild: oyoy.dk
Seite 6: iblaursen.dk, Seite 7: bloomingville.com, Seite 9, Kissen: kavehome.fr, Seite 19 (Buchkiste): housedoctor.dk, Seite 29 (Kisten): car-moebel.de, Seite 36 (Holztruhe): car-moebel.de, Seite 41 (Spiegel): bolia.com, Seite 47 (grüne Vase): kavehome.fr, Seite 59 (Stuhl): car-moebel.de, Seite 71 (großer Bilderrahmen): iStockphoto.com, (Bild mit Vögeln): ohsofine.dk, Seite 81 (Sitzkissen): car-moebel.de, Seite 92: fermliving.com, Seite 93: (Hintergrund Tapete, Tapetenrollen): iStockphoto.com, Seite 103 (Teppich): aspegren-denmark.dk, Seite 111 (Aufbewahrung): hubsch-interior.com, Seite 121 (Bettdecke): tinekhome.com, Seite 131 (Seifen): housedoctor.dk

Idee, Konzept & Text

Marion Hellweg, marionhellweg.com

Lektorat

Britta Blottner

Gestaltung und Satz

Sybille Naderer, naderer communication, Tragwein

Druck

Libri Plureos GmbH, Friedensallee 273, 22763 Hamburg

HERSTELLERVERZEICHNIS

A affari.nu | amimono.dk | andrealarsson.com | andtradition.com | architectmade.com | aspegren-denmark.dk
aquadomo.dk | aumaison.dk

B badstil.dk | bloomingville.com | boconcept.de | bolia.com | bruun-rasmussen.dk
bylassen.com | bynord.com

C cardboardsafari.com | car-moebel.de | carlhansen.com | casalinga.dk | casashop.dk | cole-and-son.com

D dansani.dk | day.dk | design-by-us.com | designletters.dk | dinesen.com

E e-form.dk | eilersen.eu | erik-joergensen.com | evers.dk

F fabula-living.dk | ferm-living.com | fildefer.dk | fjeldborg.no | flos.com | foxy-potato.dk | fritzhansen.com

G genbyg.dk | greengate.dk | gubi.dk

H halskovdalsgaard.dk | hay.dk | helgo.dk
holmegaard.dk | housedoctor.dk | hubsch-interior.com

I iblaursen.dk | ikea.com

J jovis.dk
junofurniture.com

K kadisha.de | kahlerdesign.com | kinnasand.com | koekkenskaberne.dk | kvadrat.dk

L liebeshop.dk | lightyears.dk
louispoulsen.com | lys-vintage.com

M madamstoltz.dk | maileg.dk | marimekko.com | mimiscircus.com
mimmistaaf.com minimoderns.com | montana.dk | mptapeter.dk
mrmrsclynk.com | muuto.com

N nomess.dk | nordal.eu | normann-copenhagen.com | northernlighting.no

O ohsofine.dk | onenordic.com
oyoy.dk

P paustian.com

R rice.dk | rieeliselarsen.dk | rosendahl-design.de | ruijch.com

S sacrecoeur.dk | sandbergab.se | serax.com | silvan.dk | stelton.com

T tapet-cafe.dk | thonet.de
tinekhome.com | tolix.fr
traditional-bathrooms.com

V vipp.dk | vitra.com

W wendtdesign.dk | wonderwood.dk

Impressum

© 3. Auflage 2026, Blottner Verlag,
D- 65232 Taunusstein
E-Mail: blottner@blottner.de / URL: www.blottner.de
ISBN 978-3-89367-166-3 / Druck: Libri Plureos GmbH, Friedensallee 273, 22763 Hamburg

www.ingramcontent.com/pod-product-compliance
Lightning Source LLC
LaVergne TN
LVHW082232051026
849532LV00012B/3956
* 9 7 8 3 8 9 3 6 7 1 6 6 3 *